MOYENS D'AMÉLIORER
LES

PRÉS NATURELS

ET LES PRÉS ARTIFICIELS.

MALADIES COMMUNES DANS LES CAMPAGNES,
Et dont certaines gens ignorent la guérison.

Ouvrage à la portée de tout le monde,

Par Pierre LABONNE,
PROPRIÉTAIRE A SAINT-CYBARD D'ANGOULÊME.

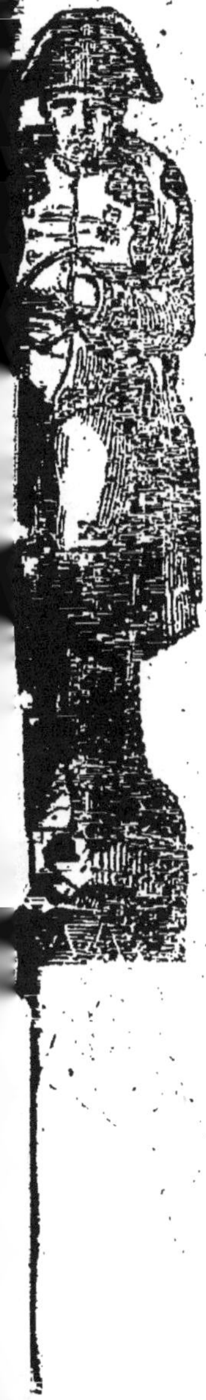

Les certificats qui lui ont été délivrés par différents propriétaires prouvent jusqu'à l'évidence la bonté de sa méthode pour les engrais des prés naturels et artificiels. Ces certificats se trouvent à la fin du livre.

ANGOULÊME.
Imprimerie de ARDANT FRÈRES, place Marengo, 33.
1850

MOYENS D'AMÉLIORER

LES

PRÉS NATURELS

ET LES PRÉS ARTIFICIELS.

MALADIES CONNUES DANS LES CAMPAGNES,

Et dont certaines gens ignorent la guérison,

Ouvrage à la portée de tout le monde,

Par Pierre LABONNE,

PROPRIÉTAIRE A SAINT-CYBARD D'ANGOULÊME.

Les certificats qui lui ont été délivrés par différents propriétaires prouvent jusqu'à l'évidence la bonté de sa méthode pour les engrais des prés naturels et artificiels. Ces certificats se trouvent à la fin du livre.

ANGOULÊME.

Imprimerie de ARDANT FRÈRES, place Marengo, 33.

185[illegible]

MOYENS D'AMÉLIORER

LES PRÉS NATURELS

ET ARTIFICIELS.

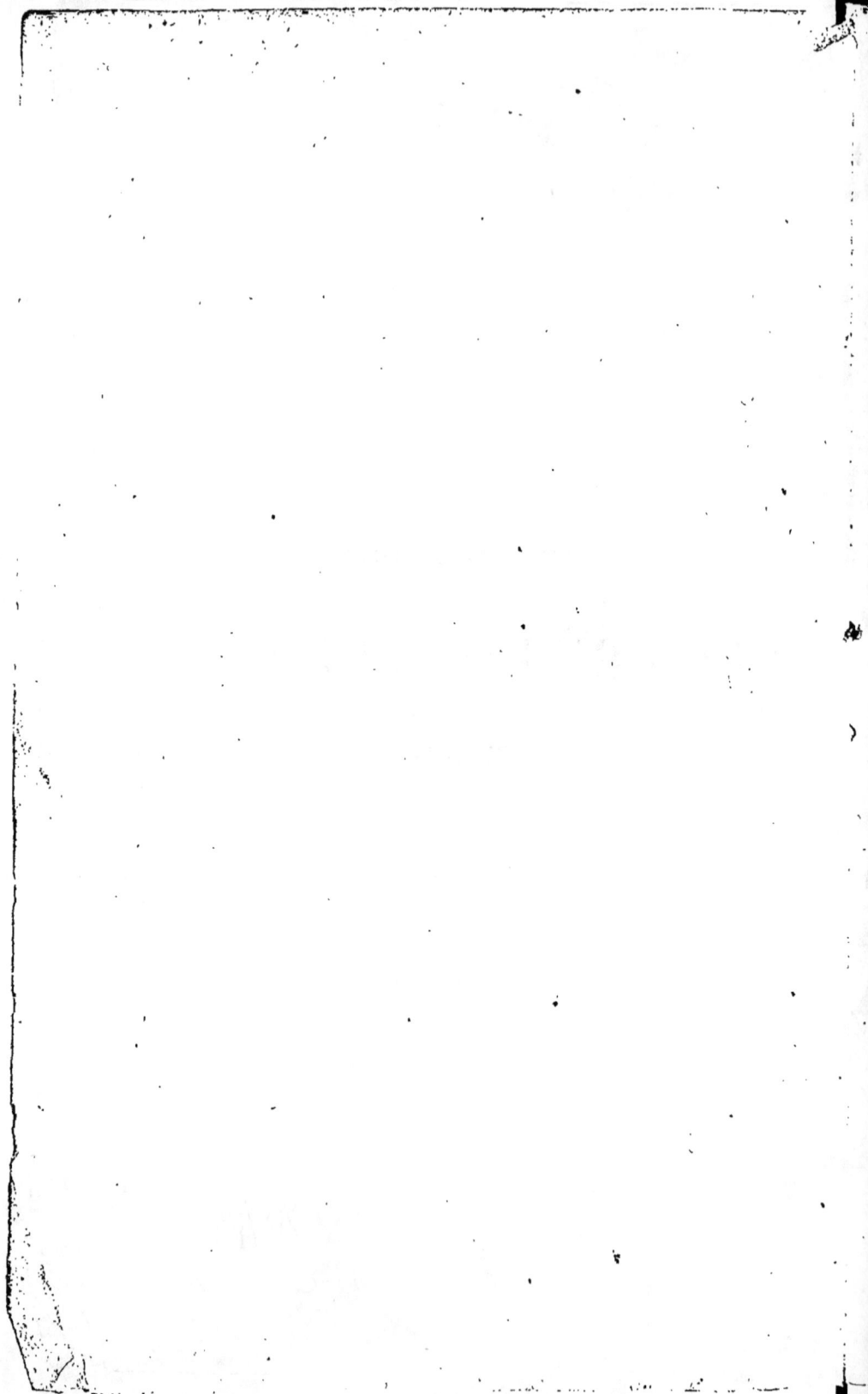

MOYENS D'AMÉLIORER
LES

PRÉS NATURELS

ET LES PRÉS ARTIFICIELS.

MALADIES COMMUNES DANS LES CAMPAGNES,

Et dont certaines gens ignorent la guérison.

Ouvrage à la portée de tout le monde,

Par Pierre LABONNE,
PROPRIÉTAIRE A SAINT-CYBARD D'ANGOULÊME.

Les certificats qui lui ont été délivrés par différents propriétaires prouvent jusqu'à l'évidence la bonté de sa méthode pour les engrais des prés naturels et artificiels. Ces certificats se trouvent à la fin du livre.

ANGOULÊME.
Imprimerie de ARDANT FRÈRES, place Marengo, 33.
1850

AUX HABITANS DES CAMPAGNES.

AVANT-PROPOS.

C'est pour vous que j'écris, mes chers concitoyens!... C'est dans les vues de vous être utile; de faire fructifier vos terres et vos prés; c'est pour que vous en obteniez un plus grand rapport que je m'empresse de vous faire part de mes découvertes et de mettre sous vos yeux les procédés que j'ai employés; procédés qui m'ont donné des résultats au-delà de mes espérances.

Si, par ces moyens, je parviens à vous être utile, je m'estimerai heureux d'avoir contribué à votre bien-être.

LABONNE,

Propriétaire au village des Bons-Amis,
à Saint-Cybard d'Angoulême.

MOYENS D'AMÉLIORER

LES PRÉS NATURELS ET ARTIFICIELS.

CONSTRUCTION D'UN MOULIN.

Au mois de mai 1838 je fis un moulin propre à moudre du grain ; pendant l'espace de quatre années consécutives je le vis achalandé, on ne peut mieux ; plus tard, la mouture des moulins à eau descendit à un si vil prix, qu'à peine si un cheval de seconde force aurait pu faire moudre deux hectolitres de froment passé au blutoir par le moyen de la mécanique ; toutefois la farine obtenue par le moyen de la mécanique, se trouvait tellement supérieure à la farine des moulins à eau, que j'obtins sur 32 kilos de farine de froment, 49 kilos de pain de famille, ce qui établit une grande différence attendu qu'il se trouvait dans la farine obtenue par le moyen de l'eau, un gruau qui prenait 20 kilos d'eau.

Année 1842.

Delà je pris occasion de donner à mon

moulin une nouvelle direction ; je le destinai à moudre uniquement du plâtre ; il me fallut alors composer un nouveau moulin propre à dégrossir le plâtre, et je faisais remoudre le gruau au moulin à blé ; cette action avait lieu au moyen d'un cheval d'une force médiocre, qui, tout au plus, pouvait être d'une valeur de 40 francs et dont la force, au manège, ne pouvait donner que 35 kilos.

Le bénéfice était d'autant plus avantageux qu'il en broyait par jour 1000 kilos, ce qui donnait par jour un bénéfice net de 10 francs.

Tout-à-coup une jalousie s'élève contre moi ; les marchands de plâtre qui le faisaient moudre à l'eau, crurent servir leurs intérêts et nuire aux miens, en donnant leur plâtre à un prix au-dessous du mien.

Fatigué d'une concurrence qui ne pouvait être utile ni aux uns ni aux autres, j'eus l'heureuse idée de remplacer le plâtre par une composition de plusieurs engrais réunis, propres à amender les prés soit naturels, soit artificiels : j'eus d'autant plus lieu d'être sa-satisfait de mon entreprise que mes essais furent couronnés d'un brillant succès.

Année 1843.

Encouragé par un tel début, je ne crus pas devoir m'arrêter en un aussi beau chemin, et je résolus de perfectionner une découverte qui devait contribuer au bien-être général.

J'allai, en conséquenee, visiter les carrières à plâtre de Moulidars, canton de Hiersac, et après un mûr examen de ces mêmes carrières je me convainquis de l'efficacité que les plâtres en provenant devaient produire sur les terrains où ils seraient employés.

Plusieurs voyages faits sur les lieux, ne firent que me confirmer dans l'idée que j'en avais conçue.

La propriété de ce plâtre, mêlé avec une terre grisâtre, qui s'y trouve, est telle que 1000 kilos répandus dans 30 ares de pré lui feront donner le double du produit ou environ.

Une nouvelle découverte s'offrit bientôt à mes regards : j'aperçus 30 ares de vigne ou environ, qui semblaient ne devoir rien produire tellement les ceps étaient rabougris et hors d'état de pouvoir être taillés à cause de leur petitesse. Dix à douze ceps de cette même vigne se trouvaient sur un monceau ou tas de terre fraîchement remuée, où l'on avait creusé un trou d'une énorme profondeur, pour en retirer le plâtre qui y était renfermé : des mottes de terre avaient roulé près de ces douze ceps de vigne dont je viens de parler, et lui avaient donné une verdure, une fraîcheur qui ne peut être comparée qu'à celle du printemps ; d'où je conclus que partout où se trouverait une terre semblable elle devait produire le même effet, et qu'à quelque chose près elle doit exister dans tous les lieux possibles.

Je ne crois pas devoir taire mon secret ; je dois dire, au contraire, dans l'intérêt de tous, que m'étant procuré de cette terre, je m'en servis à mode de plâtre, pour les prés naturels et artificiels, et qu'elle produisit des effets merveilleux : j'avais des treilles déjà hors de production, je couvris de cette terre précieuse les ceps de vigne et j'eus la satisfaction de les voir entièrement renouvelés dès la première année, et ils n'ont cessé depuis de donner abondamment.

Voulant perfectionner ma découverte je ne négligeai rien de ce qui pouvait contribuer à obtenir des résultats majeurs. J'appris bientôt qu'on avait pratiqué un trou à une profondeur de trois mètres ; je pris de cette terre qui provenait d'un déblai, je la broyai au moulin, j'en amendai une pièce de sainfoin contenant huit ares environ, ce qui me donna à la première coupe 500 kilos, et 190 kilos à la seconde coupe ; cependant, la terre était maigre, sableuse et d'un faible rapport, ce qui témoigne en faveur de l'engrais que je viens de mentionner.

En établissant un terme de comparaison entre les deux terres sus-mentionnées, on trouve que la supériorité est due à celle du plâtre ; toutefois, j'en excepte celle de ma composition qui consiste dans la réunion des divers engrais que j'ai mêlés ensemble ; ils m'ont donné une grande quantité d'herbe et d'une qualité supérieure à celle du plâtre seul.

Année 1844

Je fis cette année-là une seconde découverte, je trouvai une terre couleur de cendre, douce au toucher, formant un massif d'environ un mètre d'épaisseur, et surmontée d'une couche de terre labourable d'un mètre d'épaisseur ; plus bas se trouvait un rocher de tuf, lequel étant broyé, produisait un très bon effet: j'en fis plusieurs fois l'épreuve en en mettant sur des terres grasses, rocailleuses et argileuses qui appartenaient à des voisins; quelques jours après repassant sur les lieux, je vis une verdure admirable, produite par l'effet de cette terre que j'y avais répandue. Comme il m'importait d'en avoir en ma possession la plus grande quantité possible, j'allai trouver Monsieur Castelli, fondeur en étain et marchand de verre, près du Minage, nº 18, à Angoulême, et je fis marché avec lui pour l'enlèvement de trente mille kilos de cette terre qui se trouvait dans le déblai d'une maison en construction à Saint-Cybard, à partir du pont à droite, sur la route qui conduit à la porte du Palet.

En 1845, je fis transporter cette terre à mon domicile; j'en broyai environ quinze mille kilos, et je la mêlai avec d'autres engrais dont je parlerai plus bas; je donnais ma composition aux divers particuliers qui venaient m'acheter du plâtre, afin qu'ils en fissent eux-mêmes l'épreuve à leur gré et volonté.

Cette épreuve a été faite dans les communes d'Angoulême, de Saint-Yriex, de Fléac, de Vars, de Montignac, de Champniers, de

Garat et de Sers. Dans toutes ces communes l'effet a répondu à l'attente, et mes espérances n'ont nullement été trompées.

Année 1846.

Je voulus, cette année-là, pousser mes épreuves encore plus loin; j'affermai plusieurs pièces de sainfoin, jugées incapables de production, après sept à huit ans de coupe; pour rétablir des sainfoins à peu-près de l'âge de ceux dont je viens de parler, j'amendai en janvier et février des prés artificiels qui produisirent étonnamment; en sorte que les fermes que j'avais faites tournèrent à mon profit.

L'avantage des poudres grises a été reconnu et constaté par tous ceux qui en ont fait usage. Les certificats qui m'ont été délivrés, dans le temps, viendront à l'appui de ce que j'avance.

Il est d'autant plus essentiel, selon moi, d'amender les prés naturels et artificiels avec ces mêmes poudres grises, que la classe pauvre faute de s'en servir, vit dans un état approchant de l'indigence, tandis que la classe riche, assez intelligente pour s'en servir, vit dans l'aisance. — Quel est le remède à apporter à cet état de malaise, à cet état de souffrance qui dégoûte de tout et de la vie même? Le voici: il faut que le pauvre, s'il veut chasser la misère de son foyer, se livre à un travail constant et assidu : il faut qu'il redouble chaque jour de zèle et d'activité ; qu'il ne se dégoûte jamais des peines que nécessite le travail; qu'il cultive son coin de terre, aussi petit qu'il puisse être, avec une persévérance sans égale; qu'il amende le peu de prés qui sont à lui, qu'il fasse des engrais, qu'il emploie la terre grise dont je viens de l'entretenir; de cette manière, il chassera loin de son hameau cette pauvreté qui l'épouvantait naguère; je lui réponds qu'il verra bientôt l'abondance succéder à cet état qui était voisin de l'indigence.... mais.... il faut du travail!... et quoi encore?... du travail!

Année 1850.

Au mois de février de cette même année, j'eus occasion de faire un voyage dans différents endroits du département de la Charente, que je connais depuis longtemps; j'ai été à même de juger par expérience de la nature du sol, d'en connaître les produits, d'en apprécier la qualité; et j'ai reconnu qu'ils n'étaient pas les mêmes partout; j'ai reconnu que la partie droite, par où l'on va de Paris à Bordeaux, était riche et de bon rapport, tandis que la partie gauche n'offre qu'un aspect désagréable, et ne dénote que trop bien le malaise des habitants. On croit en traversant ces contrées, traverser un désert.

Les communes de droite, qui excitent l'attention du voyageur, sont celles de Jarnac, de Cognac, de Mérignac, etc.

Les communes de gauche, bien différentes des premières par la mauvaise nature du sol, sont celles de Charras, de Menzac, de Soufrignac, de Feuillade, de Saint-Paul, etc.

Elles se trouvent dépourvues de prés et

n'offrent aucune ressource pour la nourriture des bestiaux, sauf la rive du Bandiat.

Si les pays dont je viens de parler avaient des prés artificiels il n'y a pas de doute qu'étant amendés avec de la poudre grise, un hectare de mauvaise qualité, ne donnât bien autant ou plus qu'un hectare d'un bon fonds qui ne serait pas amendé.

Cependant je dois faire observer que les mêmes communes, quelque ingrat, quelque stérile que soit le sol, sont d'une grande ressource pour le gouvernement, sous le rapport des mines de fer, qui y sont très abondantes.

Je ne me lasserai pas de répéter à mes concitoyens qu'il faut, dans le travail, du courage, de la constance, un zèle ardent, si l'on veut vivre libre, c'est-à-dire être en état de se passer des secours d'autrui. L'homme travailleur sera toujours au niveau de ses affaires, tandis que celui qui n'est pas laborieux, ne fait que végéter sur la terre, et suit une route qui ne tardera pas à le conduire à l'indigence.

Voulant devenir, de plus en plus, utile à mes concitoyens, et surtout à la classe ouvrière, pour laquelle je professe la plus grande estime, je dépose aujourd'hui, dans son sein, un secret que je ne pourrais plus garder, sans être coupable envers la société. Ce secret est l'art de devenir riche par le travail, j'engage mes lecteurs à le mettre à profit.

MANIÈRE DE PRÉPARER LES ENGRAIS.

La pierre pourrie, vulgairement nommée *Tuf*, se trouve sous tout arbre, soit vigne, soit noyer, et à côté, dont les branches s'élèvent en droite ligne dans l'air et dont les racines descendent de même dans la terre; mais il ne faut point creuser sous une vigne dont les ceps rampent à terre soit à droite, soit à gauche, on n'y trouverait que de mauvaise terre tout-à-fait impropre à l'usage qu'on se propose d'en faire, tandis que les terres que l'on trouve sous les arbres sus-nommés sont nitreuses et renferment une quantité de salpètre, suffisante pour être employée utilement dans les prés naturels et artificiels, ainsi que dans les jardins pour la récolte des haricots et autres légumes, après avoir, toutefois, broyé ces mêmes terres et les avoir réduites en poussière: plus elles sont fines, et meilleures elles sont pour l'objet qu'on se propose.

On trouve cette terre, principalement sur les hauteurs au dessous des terres calcaires, souvent à un tiers de mètre labourable, d'autrefois à un mètre de bonne terre, on la trouve également au dessous des terres argileuses, à une profondeur de quatre à six mètres de terre pure et propre à faire la composition; la plus basse est toujours la meilleure, elle est facile à connaître. Partout où la surface de la terre a des fentes, en été, c'est là qu'elle est; si l'on creuse à un mètre de profondeur, on est sûr de la trouver; les premières pluies qui arrivent font fermer les fentes, et dès-lors, l'eau ne peut plus y pénétrer, aussi abondante et aussi continuelle qu'elle soit, la terre étant devenue compacte à tel point qu'elle présente la dureté de la pierre. Dans cet état, elle s'échauffe naturellement, et reçoit dans son sein des éléments de nitre et de salpètre: aucune source ne peut y pénétrer à cause du massif qui imite les carrières de plâtre; ce que j'ai observé assez souvent, là où se forme le plâtre, les sources passent au dessous d'un platin de plâtre qui imite un rayon de miel.

D'après une telle observation, j'ai, conformément à mes idées, cherché à découvrir dans des pays éloignés de la mer une terre qui imite celle du plâtre, et je crois l'avoir trouvée. Quelque soit le prétexte dont on se serve pour mettre en doute ce que j'affirme, on sera forcé de convenir que je ne dis rien qui ne soit exactement vrai.

Pour tirer un parti avantageux de cette terre, il faut l'extraire en été, et au fur et à mesure qu'on en obtient telle ou telle quantité, la transporter sous des galeries et la faire sécher à l'ombre, afin que ni la pluie ni le soleil ne puissent exercer sur elle la moindre action.

Quant aux autres engrais dont je viens de parler et qui sont loin d'être à la connaissance de tout le monde, je ne dois pas passer sous silence la propriété de la suie : c'est un corps gras qui s'attache aux cheminées, et qui ne saurait bouger de là, se trouvant moins légère que la fumée qui est emportée par le vent, quant à la cendre, comme le corps le plus pesant de l'élément du feu, elle tend à demeurer en bas, ce qui tient à la pesanteur des corps qui sont soumis à des lois invariables.

Quelle peut-être, me direz vous, la propriété de la suie, à propos d'engrais ? — La voici : la suie répandue dans les prés, soit naturels, soit artificiels, détruit la mousse, les mauvaises herbes, et fait pousser en remplacement des trèfles abondants, produits par les sels que renferme la suie. Le même effet aura lieu dans toute terre ensemencée de blé d'Espagne ou autre céréale; pour cela il faut la réduire en poudre, après l'avoir faite sécher à l'ombre afin que ni la pluie, ni le soleil ne puissent lui enlever la graisse dont elle est imbibée; mais d'où vient cette graisse dont la suie est imbibée? — Elle vient de la graisse du bois qui s'attache aux parois de la cheminée: elle vient encore de la vapeur des viandes différentes que l'on fait rôtir, de celles que l'on fait frire dans la poële.

MANIÈRE DE FAIRE SÉCHER LA SUIE,

AINSI QUE LA CENDRE DE LESSIVE, DITE CHARRÉE.

Pour faire sécher la suie prenez de la poussière de chaux vive, mêlez-la avec la cendre de lessive, dite Charrée, mettez-la en tas sur un plancher, la chaux boira l'humidité de la cendre, ainsi que la graisse de la suie et le tout deviendra propre à être broyé. A défaut de chaux, (car tous les pays n'en ont pas,) procurez-vous de la terre où il n'y ait ni pierres ni cailloux qui puissent l'empêcher d'être broyée, ou, pour mieux dire, de la terre glaise imitant la terre de faience, mettez-la en tas comme on met le bois pour faire du charbon, vous ferez un petit tas de bois comme on fait un fourneau ; vous couvrirez le bois d'une couche de terre, d'environ un tiers de mètre d'épaisseur, vous remettrez du bois sur cette terre à l'épaisseur que vous jugerez convenable, vous mettrez une autre couche de terre suivant la quantité de la terre brûlée qui vous sera nécessaire ; et vous mettrez le feu au fourneau ; quant le bois sera entièrement brûlé, et que la terre sera cuite, vous transporterez le tout sur un plancher, et ferez le mélange de la cendre et de la suie, et au bout de quelques jours, le tout se trouvera sec et propre à être broyé.

EFFETS DE LA CENDRE DE LESSIVE,

APPELÉE CHARRÉE.

La cendre de lessive, ou Charrée, vaut infiniment mieux que la cendre pure, en voici la raison : la cendre mise sur le linge pour le blanchir, reçoit au moyen de l'impression de l'eau chaude, que l'on verse sur elle, le dépouillement de tous les corps gras què contenait le linge, en acquiert une substance qui lui devient propre et lui donne une vertu des plus efficaces.

DES ÉCAILLES D'HUITRE.

LEURS EFFETS.

Les écailles d'huitre peuvent remplacer le plâtre avec avantage, soit dans les prés naturels, soit dans les prés artificiels, soit dans les terres, soit dans les jardins. Ce corps est si gras par lui-même, qu'il ne peut que communiquer aux autres corps auxquels on le joint, une substance des plus nutritives, et principalement aux arbres à fleurs et à fruits. Mais on en fait si peu de cas, faute d'en connaître la valeur, qu'on en trouve des tas à tous les coins de rue ; plus tard, peut-être, les populations mieux éclairées sur leurs véritables intérêts, sentiront le besoin de ne pas négliger un bien aussi précieux.

MANIÈRE DE PRÉPARER

LES ÉCAILLES D'HUITRE.

Cassez ou plutôt coupez avec un hachereau vos écailles d'huitre; il en sera de même que si vous aviez coupé de la viande; faites en sorte que chaque morceau d'écaille soit coupé le plus menu qu'il vous sera possible; mêlez-les ensuite avec de la poussière de chaux vive ou de cette terre brûlée dont je viens de parler, et laissez-les dans cet état pendant trois ou quatre jours; pour les broyer vous vous procurerez du *Tuf* qui soit parfaitement sec, en sorte que chaque morceau ne soit à peu-près que de la grosseur d'une fève; mais comme tout le monde n'a pas de moulin à la noix, moulin qui imite le moulin à poivre, on pourra les broyer à un moulin destiné à moudre du blé d'Espagne.

J'ai fait, moi-même, l'épreuve des écailles d'huitre, pour des pots à fleur. Je mêlais moitié terre de jardin, avec la composition ci-dessus expliquée; je mettais au fond d'un pot ou d'une caisse cette terre de composition et, par dessus, les racines des arbres à fleurs où à fruits que je recouvrais d'une autre terre de jardin, et mes arbres croissaient d'une manière étonnante.

RÉCAPITULATION.

Mes chers concitoyens! je vous ai mis sous les yeux tous les résultats que vous êtes à même d'obtenir par le moyen des engrais; je vous ai fait connaître les procédés dont vous devez user pour la composition de ces mêmes engrais, que j'ai mis souvent, moi-même, en pratique.

Si vous vous conformez exactement aux préceptes que je vous ai tracés, j'ose vous prédire, non-seulement, une récolte abondante, mais une récolte qui dépassera vos espérances.

N'oubliez pas, je vous le répète, qu'il faut broyer ensemble toutes les terres dont vous aurez fait le mélange, après les avoir soustraites à l'action du soleil et de la pluie qui absorberaient les sels qu'elles peuvent contenir, et les réduiraient à rien. Je veux dire qu'il faut les faire sécher à l'ombre et ne les broyer qu'après qu'elles auront acquis le degré d'intensité ou de force qui leur est nécessaire : c'est là le point essentiel de l'affaire.

EXPÉRIENCE.

Je pensai que la force de cette poudre grise exigeait d'être placée sur un plancher à pied ; pour m'assurer de cette vérité, je défonçai une barrique aux deux bouts ; j'en plaçai un ras de terre, et je remplis mon tonneau de cette poudre. Curieux de savoir si l'humidité s'y introduirait, dans l'espace de vingt-quatre heures, l'humidité s'éleva à un mètre de hauteur et rendit la poudre impropre à amender les prés naturels et les prés artificiels. J'ai donc eu raison de dire qu'il faut que la poudre, pour produire l'effet que l'on en attend, ne soit nullement exposée à l'humidité.

Si vous avez une vigne claire qui ne soit point en rapport, et qui tire sur sa fin, que faut-il faire pour la renouveler ? — On fait un fossé large et profond dans lequel on couche la souche de la vigne, après l'avoir débarrassée de la terre qui l'entoure, et découvert entièrement ses racines, on la couche dans ce fossé, on y met de la poudre grise dessus et dessous, la valeur de deux pelerées environ, à une profondeur telle qu'on ne puisse pas toucher cette poudre, encore moins la souche de la vigne en la travaillant ; il ne faut point couper les sarments de la vigne que l'on couche, ainsi, en terre attendu que chaque sarment devient un provin, le cep d'une seule vigne peut en produire de trois à quatre dans la même année. Pour une vigne qui ne manque pas de ceps, mais dont le corps est épuisé et donne peu de raisins, on fait pour la rétablir, quatre trous, avec une barre en fer, autour de la souche dans lesquels on met de la poudre à une profondeur telle qu'on ne puisse toucher cette poudre en cultivant la vigne.

Je dois ajouter à l'appui de cette remarque, une autre d'une bien grande importance.

Dans les derniers jours du mois d'avril 1846, je me trouvai en compagnie des sieurs Baudet et Merceron ; nous étions sur le bord d'un chemin où j'avais amendé une petite pièce de sainfoin, lorsqu'arriva la chûte du jour ; je fis observer à ces Messieurs que la rosée était montée sur les feuilles du sainfoin, ainsi que sur d'autres herbes, et que des gouttes d'eau tombaient sur la terre ; notez que le soleil avait été fort chaud toute la journée. Nous rentrâmes sur la pièce de sainfoin, et en touchant les feuilles, nos mains étaient abreuvées de rosée ; mais là où je n'avais pas mis de poudre, les feuilles étaient sèches et sans vigueur aucune.

Cette épreuve, loin de me décourager, ne fit que m'enhardir dans le projet que j'avais conçu de connaître à fond la propriété de cette poudre grise dont je vous ai entretenu jusqu'ici. J'ai parfaitement reconnu que si l'on amendait les prés, le matin par un temps de petite pluie ou de forte rosée, il est indubitable que cette poudre, mise en poussière, et du reste bien sèche, ne prenne à la feuille qui se trouve humide ; non-seulement elle s'y attache, mais elle semble ne faire plus qu'un avec elle, le soleil n'a plus de prise sur cette poudre ; il ne peut la détacher de là où elle est ; et s'il la dessèche le jour, la nuit, elle reprend sa fraîcheur naturelle ; d'où je conclus qu'elle tire l'eau d'un à deux mètres de profondeur, ce qui rend les herbes toujours vertes et leur donne un degré de plus de valeur.

Au moment que les pluies arrivent elles dissolvent cette même poussière en lavant les feuilles des arbres, et en faisant couler la matière grasse attachée à la feuille, elle descend le long de l'arbre jusqu'à ses racines, ce qui lui est un préservatif contre les grands froids et les grandes chaleurs ; en sorte que ni les uns, ni les autres ne peuvent nuire aux racines de l'arbre ; sa force étant telle, qu'après les secondes coupes, elle repousse des feuilles qui couvrent la racine et que ne pourraient endommager ni la chaleur ni le froid.

Dans les premiers jours de janvier mil huit cent quarante-cinq, j'avais une petite pièce de trèfle, dont j'amendai à peu-près le quart. D'abord, il vint des pluies douces, mais au mois d'avril il survint tout-à-coup des gelées suivies de neige qui détruisirent le quart environ du trèfle qui n'était pas amendé; mais celui qui l'avait été n'éprouva aucun accident, loin de là : il crût à un mètre de hauteur, ce qui ne pouvait provenir que de l'efficacité de la poudre en question, je m'avisai alors d'amender le trèfle qui ne l'avait pas été dans le principe, et j'eus la satisfaction de le voir arriver à la hauteur du premier, mais, à la vérité, il était moins épais.

Il ne faudra donc pas craindre d'amender les prés naturels ou artificiels au mois de janvier, avec cette poudre grise que j'ai mentionnée plus haut, et, qui plus est, il devient urgent d'amender dans les mois de janvier et de février, par un temps de pluie douce, ou sur une rosée. Si l'on amendait trop tard, il pourrait arriver que, par un temps sec, la poudre demeurerait attachée à la feuille et ne lui serait plus d'aucune utilité.

MÉCANIQUE DU MOULIN.

Je n'entrerai dans aucun détail concernant la mécanique du moulin; elle se conçoit mieux qu'elle ne s'explique. Mes faibles lumières ne me permettent pas de vous donner la levée du plan : je me verrais arrêté à chaque pas, à défaut de connaître les mots propres, capables de vous en donner une idée succincte, claire et précise, je me bornerai donc à vous dire que tout homme de l'art peut faire un moulin tel que celui que j'ai composé moi-même, et qui est portatif. Il faut que la meule du moulin soit toujours proportionnée à la force du cheval de manège, qu'elle n'ait que deux tiers de mètre de diamètre, et seize centimètres d'épaisseur, que sa pesanteur n'excède pas cent kilos, et qu'étant rayonnée, elle puisse faire cent quarante tours à la minute, ce sera le moyen d'obtenir une farine de bonne qualité.

Si je fais ici l'explication du poids et du diamètre, c'est parceque les premières meules que je fis avaient quatre-vingt dix centimètres de diamètre sur vingt-trois centimètres d'épaisseur ; ce qui lui donnait un poids de trois cents kilos, et nécessitait la force de trois chevaux ; je me vis forcé, nécessairement, pour obtenir de plus heureux résultats de confectionner de nouvelles meules moindres que les premières ; l'une fut d'un tiers de mètre de diamètre, elle moulait comme un moulin à poivre, et faisait la farine sur les bords de la meule; elle avançait plus du double de la première, mais ne donnait qu'une farine imparfaite ; je me décidai à en faire une de quarante-deux centimètres, qui moulait comme les meules dont on fait usage ordinairement, elle avançait beaucoup, mais la farine n'en était pas, pour cela, de meilleure qualité ; son poids était de trente-six kilos. J'en fis une autre de cinquante-quatre centimètres de diamètre sur dix-huit d'épaisseur, son poids m'est inconnu, elle me donna de la farine passable ; enfin, voulant savoir au juste, la grandeur d'une meule proportionnée à la force d'un cheval, j'en fis une autre de quatre-vingt-deux centimètres de diamètre sur dix-huit d'épaisseur. Sa dimension ne se trouva pas encore en rapport avec la force du cheval, elle le fatiguait extrêmement, et je m'en tins à celle de soixante-six centimètres qui est la seule convenable et dont on puisse tirer le meilleur parti.

Je viens de faire le détail d'un moulin à blé ; il me reste à entretenir mes lecteurs du moulin qui dégrossit le plâtre ; il se compose ainsi qu'il suit : savoir d'un cadre d'un mètre de hauteur, et d'un mètre de largeur par le bas, de soixante-dix-huit centimètres par le haut, le même cadre renferme un plancher qui soutient le soutre et au milieu duquel on pratique un trou pour l'écoulement des poudres ; puis vient une pièce de bois de douze centimètres d'écarrissage que soutiennent deux boulons.

Au milieu de cette même pièce de bois se trouve un crapaud ou planchette qui soutient le pivot d'un pied droit de vingt-quatre centimètres d'écarissage, d'une longueur voulue, il se trouve assujetti au dessus du plancher qui communique à un brancard auquel le cheval est attelé ; ce pivot sert à conduire une meule à noix d'un tiers de mètre de diamètre, imitant un pain de sucre, entouré de 4 petites pièces de pierre de Bergerac, poussé par huit boulons dont les écrous sont en dedans du cadre : ces quatre morceaux de pierre doivent être rayonnés, ainsi que la noix ou meule, mais non pas jusqu'au fond, attendu qu'il doit y avoir cinq centimètres de moulange pour raffiner les différents objets que l'on destine à être broyés ; il faut de plus laisser par le haut cinq centimètres de distance entre la meule et les quatre morceaux de pierres, pour faciliter la rentrée des objets que l'on veut broyer.

Le cheval ne pouvant faire que 3 tours 1/2 à la minute, il faut, de toute nécessité, un moulange plein par le bas, pour pouvoir raffiner.

Pour ardenter les quatre morceaux de pierre, et la meule, j'otai les quatre morceaux de pierre et je diminuai leurs jointures ; ensuite je remoulangeais pour le rapprochement de ces différentes parties. Au dessous du plancher, j'avais placé un crible d'une certaine pente, destiné à recevoir les poudres : le gruau qui s'y trouvait sortait hors du cadre et je le transportai dans la trémie du moulin portatif qui m'avait servi à faire moudre du blé, pour le pulvériser entièrement, attendu que les deux moulins allaient à-la-fois.

Le rouet moteur se trouvait au dessus du plancher, et tenait au pied droit du moulin à noix ; il conduisait les engrenages nécessaires qui se trouvaient au dessus du moulin portatif, à une lanterne où se trouvait une pièce de fer placée sur le patin de la meule; ce moulin était placé ras de terre, et près du contour que parcourait le cheval.

CONSTRUCTION DE LA GALERIE

RENFERMANT UNE MÉCANIQUE A DEUX MOULINS.

Cette galerie, couverte en paille, a une dimension de cinq mètres, et un tiers de mètre de longueur; elle est supportée par huit piliers ou pieds droits et trois tirans de la faible dimension de douze à dix-huit centimètres d'écarrissage : ces mêmes sont supportés par des bois debout, et des boulons qui tiennent à la charpente : cette charpente est aussi haute que large, formant un tiers-point ; pour la couvrir je n'employai que mille kilos de paille, et il en aurait fallu quinze-cents, une telle construction est si minime, que deux chevaux pourraient en emmener tout le matériel.

CONSTRUCTION D'UN MOULIN A BRAS.

Il faut, tout simplement, quatre membrures formant un cadre, avec ses rouages et une clôture d'un moulin d'usage; des meules de quarante-deux centimètres de diamètre sont suffisantes, si toutefois elles peuvent faire cent quarante tours à la minute, ce qui répond à la force de deux hommes.

La dépense que nécessite un ouvrage de cette nature est tout-à-fait d'un prix médiocre. Un tel moulin placé dans un village de vingt à vingt-cinq feux pourrait, en hiver, à temps perdu, broyer de quarante à quarante-cinq mille kilos de composition. Le premier ouvrier venu, qui travaille le bois, viendrait acilement à bout d'une telle entreprise.

CONSTRUCTION D'UNE AUTRE ESPÈCE DE MOULIN

FACILE A FAIRE, ET PEU COUTEUX.

Il faut faire une meule de pierre de Bergerac ou d'autre pierre ardente qui ait trente-neuf centimètres de diamètre et dix-huit centimètres d'épaisseur : on doit la placer avec son arbre en fer sur un cadre en bois, comme l'on place une meule de taillandier pour émoudre les outils ; il faut, de plus, assujettir une planche ou madrier au dessous du cadre que supporte la meule ; en sorte que ce même madrier soit à neuf centimètres au dessous du bord de la meule et qu'il ne dépasse pas l'aplomb du milieu de l'arbre de ladite meule.

On devra placer sur cette planche ou madrier un morceau de chaille qui soit de la même qualité de la meule, et de la même épaisseur. De cette manière le cintre prendra la circonférence de la meule ; la meule et le soutre devront être rayonnés afin que les rayons maintiennent le gruau au milieu du moulange ; il faut, en outre, que le soutre soit conduit par une vis en demeure et que cette vis se tienne à une traverse du cadre.

Le soutre, par le moyen de cette même vis, mettra le gruau en poudre propre à être raffiné ; on ne doit pas perdre de vue qu'il faut une manivelle et un volan qui tienne à l'arbre de la meule pour parer au contre-coup que pourrait occasionner un gruau trop dur ou trop épais : cette meule ci-dessus mentionnée peut broyer un demi kilo par chaque tour, (cette meule fait cinquante tours à la minute,) et l'on trouvera le moyen de doubler la vitesse en employant de faibles engrenages.

On doit observer que cette meule doit avoir une clôture et une trémie comme un moulin d'usage.

MANIÈRE DE BROYER LES DIVERS MÉLANGES QUI ENTRENT DANS LA COMPOSITION DE LA POUDRE GRISE.

Le moyen le plus simple et le moins coûteux de broyer les mélanges qui entrent dans la composition de la poudre grise, c'est de se servir d'une pierre nommée *Grison*, et plus communément *Demoiselle*, comme celle dont se servent les plafonneurs pour broyer le plâtre. On fait une mortaise dans la pierre, on y ajuste un morceau de bois à hauteur d'un mètre, au bout de ce montant est une traverse qui imite un manche de taraire.

Il faut que la pierre soit parfaitement ronde, afin qu'elle porte sur tous les points à la fois ; on doit la faire tourner tantôt à droite, tantôt à gauche ; se munir d'un tamis de crin ou de toile métallique pour la bluter comme on blute la farine.

MALADIES

COMMUNES DANS LES CAMPAGNES,

Et dont certaines gens ignorent la guérison.

DES MALADIES.

Il fut un temps où je sentais mon corps s'affaiblir par degrés, et je commençais à craindre pour ma vie. J'aimais de passion l'état de charpentier, que j'avais embrassé, et je me livrais à un travail sans mesure, lorsque mon tempéramment était à peine formé; j'avais parfois des faiblesses fréquentes, mais il fallait travailler... Les maladies survinrent, je les négligeai; elles faillirent m'être funestes. J'avais un corps cacochyme, ma santé était délabrée; tout autre aurait eu recours à l'art des médecins, et je n'eus recours qu'à moi-même, une certaine connaissance des simples que j'avais acquise de feue ma mère me porta à en faire une étude particulière et à les employer à mon sujet.

En mil huit cent quatorze, me sentant gravement indisposé, j'allai demeurer au moulin de Vouzan, commune de Vouzan, appartenant à Monsieur Pierre-Désir Vallier et j'abandonnai, provisoirement, mon état de charpentier, pensant qu'un état d'inaction me rétablirait plus vîte: il en arriva tout autrement, mon mal empirait chaque jour, et la mort semblait s'attacher à mes pas. J'avais des faiblesses d'estomac auxquelles succédaient des maux de tête, j'étais atteint d'une inflammation au bas-ventre; je sentais des lassitudes aux jambes et dans toutes les parties du corps, j'étais tourmenté journellement d'une soif ardente, et sujet à une transpiration continuelle, qui me privait de forces et m'ôtait l'envie du travail. Que fis-je alors? — Je me dirigeai vers la fontaine rouilleuse, appartenant aujourd'hui aux Messieurs Desvarennes, située au hameau de Planche-Ménier, commune de Serres, canton de Lavalette, ses eaux étaient très renommées et passaient pour être souveraines; je bus de cette eau bienfaisante, et j'éprouvai, aussitôt, du soulagement. Je crus devoir continuer le remède, et je m'en trouvai si bien, que ma santé se rétablit insensiblement, mes forces revinrent, et mon corps se trouva bientôt dans le même état qu'auparavant. J'attribue la vertu de l'eau de cette fontaine, aux mines qu'elle rencontre en filtrant dans les rochers : je la crois propre aux *anévrismes*, ou battements de cœur ; aux *hépatites*, ou inflammations du foie.

Si je lui dois ma guérison, les personnes qui seront atteintes des mêmes maladies qui vinrent m'assaillir, dans le temps, pourront y trouver le même remède à leurs maux.

Plus tard, ayant fixé mon domicile à Angoulême et me trouvant, par conséquent, trop éloigné de la fontaine de Planche-Ménier pour y puiser, au besoin, je me formai l'idée qu'il devait y avoir dans les environs d'Angoulême des fontaines à peu-près équivalentes à celle que je viens de nommer, et je ne fus pas trompé dans mon attente. Il en existe plusieurs dont les eaux sont très salutaires : l'une se trouve dans la propriété de Monsieur Calandrau, à La Tour-Garnier ; une autre attenant à la propriété de Monsieur Matet-Dumaine, au dessous de la Grand-Fon ; une autre au delà du pont de Suraut, à gauche, commune de Balzac ; une autre au village de chez Frochau, près de Saint-Cybard.

Je faisais usage, également de l'eau de la Charente, et je la prenais au dessous de l'écluse qui joint la propriété de Monsieur Rivaud, anciennement propriété *Marquet.*

PROPRIÉTÉ

de l'eau de la Charente.

Le canal de la Charente recevant une infinité de ruisseaux dans lesquels on lave des mines de fer, de cuivre, d'etain, de plomb, etc., ne peut que lui communiquer les sels dont ces mêmes ruisseaux sont imprégnés, et rendre son eau, on ne peut plus salubre, et propre à maintenir la santé. Ce qui contribue encore à donner à l'eau de la Charente une vertu qu'on est loin de lui soupçonner, ce sont toutes ces herbes différentes qui y croissent, et qui, agitées par un vent du nord qui rend l'eau houleuse et lui fait faire flux et reflux, y déposent les sucs nourriciers dont elles sont imbibées et la rendent, en quelque sorte, médicinale. Cependant il ne faut pas confondre les saisons : l'été elle n'est propre qu'aux bains ; aussi je lui préfère, pour la boisson, l'eau des fontaines dont j'ai parlé plus haut. Je n'en buvais point en hiver, par un temps pluvieux, ou de brouillard; mais je n'hésitais nullement à en boire quand le vent du nord était venu la purifier.

MANIÈRE DE S'EN SERVIR.

Le matin, à jeun, j'en prenais un verre dans lequel j'avais versé quelques gouttes de vinaigre; si dans le cours de la journée, je me sentais altéré, je la buvais pure; à mes repas, je faisais de l'eau vineuse, et j'employais ce remède lorsque des inflammations au bas-ventre venaient troubler les voies digestives et me faisaient éprouver un état de malaise et de souffrance.

Quant à l'eau de Planche-Ménier, j'en faisais usage dans les mois de mai, juin et juillet, je buvais à mes repas de cette eau que j'avais rendue vineuse; le vinaigre en était banni, attendu qu'il devenait inutile.

Ainsi que je l'ai déjà dit, la connaissance que j'ai acquise des simples, je la tiens de feue ma mère, qui en avait fait une étude particulière, et qui vécut jusqu'à l'âge de 86 ans, sans avoir jamais eu recours à l'art des médecins. Elle soigna constamment mon père dans ses différentes maladies, et elle eut le bonheur de prolonger son existence jusqu'à l'âge de 84 ans.

MALADIE DE LANGUEUR.

Au mois de septembre 1825, je fus atteint d'une maladie de langueur qui épuisait toutes mes forces et me réduisait à un état voisin de la mort ; comme il est assez difficile de guérir en hiver d'une semblable maladie, je ne trouvais aucun remède propre à remettre ma santé dans son état primitif. La guérison, cependant, était bien facile, et je fus assez heureux pour découvrir le remède qui devait l'opérer.

Je pris du seigle, du son de froment, de la roberte, du sel de cuisine, avec une demi douzaine d'escargots, je fis bouillir le tout ensemble, et je pris des lavements de cette eau pendant plusieurs mois, ce qui contribua à rafraîchir la masse du sang, et l'année d'après je me vis délivré de la constipation qui m'avait tant fatigué ; mais il fallait obtenir une entière guérison, et pour cet effet je pris, pendant l'espace de cinq à six jours, sans sortir du lit, et sans changer de chemise, un bouillon de poule sans sel, ni poivre, dans lequel je mettais du jus de citron : la transpiration étant venue à mon secours, je me trouvai guéri radicalement.

Le bouillon chaud de poule procure une transpiration qui fait sortir les petits vers qui sont entre chair et peau et les réduit à l'état d'annihilation ou d'anéantissement. Ce remède est propre à guérir plusieurs douleurs, telles que douleurs de reins, refroidissements, douleurs de dents, et généralement toutes les douleurs provenant d'une transpiration arrêtée.

DE LA BRULURE.

Remède contre la Brûlure.

La brûlure est l'impression du feu sur la peau.

Je crois rendre au public un service signalé en lui indiquant les moyens de la guérir ; en lui faisant connaître le remède que ma mère employait dans une telle occasion.

Cette excellente femme, que son désintéressement et sa générosité avaient fait surnommer la *Mère des Pauvres*, prenait au moment des grandes pluies de septembre, novembre et décembre, de l'écume des eaux qui se trouvent devant les empellements des moulins, la recueillait avec une passoire; la faisait bouillir avec de la fleur de paille de pomme de terre et de la graine de lin, pendant une heure ou environ, puis elle l'épandait sur un linge bien fin, et l'introduisait dans des bouteilles qu'elle avait soin de tenir hermétiquement fermées. Elle en donnait à tous ceux qui en avaient besoin, leur recommandant expressément de prendre avec une plume de cette pomade gluante et d'en frotter la plaie. Elle prenait, par précaution, un linge qu'elle tordait et auquel elle donnait la forme d'un tortillon, et le plaçait sur la circonférence de la plaie; elle pliait, ensuite, un autre linge en quatre doubles, le plaçait sur le tortillon, de manière qu'il ne touchât point la brûlure; et elle le tenait continuellement abreuvé, pour empêcher que l'air ne pénétrât dans la brûlure. L'inflammation du mal desséchait le linge en un instant; et pour empêcher le mal d'empirer, elle plaçait un cataplasme au dessus de la brûlure, pour arrêter la descente des humeurs; il était en partie composé de fleurs de feuilles de pommes de terre lesquelles sont d'autant plus douces qu'elles ne demeurent sur terre que dans la belle saison.

DE LA COLIQUE.

C'est une maladie qui cause des tranchées au bas-ventre.

Pour arrêter les progrès de ce mal dangereux qui peut, en un instant, occasionner la cessation de la vie, il faut provoquer la transpiration dans le cas où elle ne viendrait pas naturellement.

A cet effet, on prend, pendant huit à dix minutes, à l'*anus* ou *rectum*, un bain à vapeur composé de fleurs de sureau, de fleurs ou feuilles de bourrache, de fleurs de pavots, de bouillons blancs qui croissent dans les charbonnières à un mètre de hauteur, et l'on se met au lit incontinent.

Je dois faire observer qu'avant de prendre le bain dont je viens de parler il faut, au préalable, se mettre autour du cou, et sur la peau nue, un cataplasme dans lequel on fait rentrer du thym, du romarin, de la sauge, de la lavande, de la sarriette (ou lizot), de la pariétaire, du pavot, du cresson sauvage, de l'herbe aux vers (ou absynte), avec une poignée de sel; on y joint une cuillerée de miel, et l'on fait bouillir le tout ensemble, autant de temps qu'il en faudrait pour faire cuire une soupe; on épluche, ensuite, ces différentes herbes; lorsqu'elles sont parfaitement cuites on les hâche menu comme chair à pâté; on y met une dose de poivre un peu forte, et l'on roule ensuite le tout dans de la farine de graine de lin, ce remède souverain, opère des effets surprenants, et peut s'appliquer à toutes sortes de douleurs.

Dans le cas où la douleur ne disparaîtrait pas aussi vite qu'on pourrait le désirer, il faudrait avoir de la flanelle de santé, l'abreuver d'eau faite avec la composition mentionnée ci-dessus, l'appliquer aussi chaude que possible, à l'endroit où l'on éprouve la douleur et continuer jusqu'à parfaite guérison.

DE LA DOULEUR DES REINS.

Pour guérir la douleur des reins, le remède

est très simple : il s'agit d'appliquer sur l'épine dorsale le cataplasme dont je viens de parler, il fortifie les chairs, en même temps qu'il les ramollit, et soulage infiniment le malade.

DU MAL DES YEUX.

Le mal des yeux provient d'une quantité de petits vers qui s'introduisent dans les fibres ou parties charnues de l'organe de la vue ; se renferment dans les membranes où ils s'agglomèrent, c'est-à-dire, où ils se mettent par petits pelotons, et fatiguent extrêmement l'orbite de l'œil, ou sa cavité, ce qui est la même chose. Le remède à apporter à ce mal consiste à appliquer au cou un cataplasme de ces mêmes herbes qui ont déjà été décrites ; l'y tenir pendant vingt-quatre heures consécutives, et plus longtemps encore si le besoin l'exige : si le cataplasme ne produisait pas l'effet qu'on en avait attendu, il ne faudrait pas négliger d'en faire un second, et d'user des mêmes précautions.

Il faut avoir soin, au printemps, de se munir d'eau de vigne, quand elle pleure ; à défaut de celle-ci, d'eau de treille ; ramasser des fleurs de pêcher, des fleurs de rose, de thym et de romarin : on en compose une eau dont on se lave les yeux quatre à cinq fois le jour, jusqu'à parfaite guérison, on est assuré de trouver du soulagement, à moins que la maladie ne soit invétérée et incurable.

DU MAL D'OREILLES.

Le mal d'oreilles provient de la même source que le mal des yeux ; il est toujours occasionné par les vers qui veulent se loger dans quelque partie du corps que ce soit. Les expulse-t-on d'un endroit ? ils vont aussitôt dans un autre : ils s'y multiplient par degrés sans que l'on s'en doute ; ils s'introduisent dans l'organe de l'ouïe et y séjournent aussi longtemps qu'on ne prend aucune précaution pour les en ôter. — De là ces bourdonnements, ces tintements qui causent des sensations douloureuses. De là ce bruit qui imite celui d'un soufflet, ou d'une écluse dont la chûte des eaux imite une espèce de sifflement désagréable à entendre. D'où cela provient-il?.... Cela provient d'un coup d'air, d'un refroidissement occasionné par le passage du chaud au froid. Ayez chaud et mouillez-vous les pieds ; en voilà plus qu'il n'en faut pour avoir, dès le lendemain, un tintement d'oreilles, tintement que vous garderez toute votre vie, si vous ne vous empressez d'y porter remède.

REMÈDE A APPORTER

à cette Maladie passagère.

Il faut prendre de la fleur de sureau, de la mauve sauvage, de la fleur de pavots, de la fleur de bouillons blancs, les faire bouillir ensemble ayant soin de mettre un couvercle sur le pot pour empêcher l'évaporation ; verser ensuite le tout dans un vase de terre, et respirer, le plus longtemps possible ce bain à vapeur, c'est-à-dire, jusqu'à ce que la sueur découlant du front ne permette plus d'en faire usage. Le sommeil qui ne manque jamais de succéder à cette crise, procure dès le lendemain au malade un repos qu'il était loin d'espérer la veille, et qui rajeunit chez lui, en quelque sorte, les organes de la vie. La personne qui a été atteinte de ce mal doit tenir constamment dans son oreille du coton imbibé de l'eau sus-mentionnée ; et, si après le premier bain, on ne trouvait pas de soulagement, on devrait le renouveler et mettre au cou un cataplasme semblable à celui que j'ai mentionné plus haut.

DU MAL DE DENTS.

Ce mal provient d'un coup d'air, d'un refroidissement qui arrête la circulation du sang ; il en résulte une inflammation, un gonflement des gencives ; de là ces impressions douloureuses, de là ces élancements subits qui occasionnent des transports au cerveau et font éprouver une souffrance aussi terrible qu'imprévue.

Le moyen de calmer cette souffrance, c'est d'appliquer au cou un cataplasme, tel qu'il a été décrit plus haut, de se gargariser la bouche avec l'eau dont on s'est servi pour la confection du cataplasme. Si la douleur se montrait opiniâtre ; s'il arrivait qu'elle ne cessât point, il faudrait, alors, avoir un morceau de flanelle, l'imbiber de cette eau dont je viens de parler, et l'appliquer sur la partie souffrante : pas de doute que la douleur disparaîtra.

DU MAL DE TÊTE,

ou Migraine.

Tout le monde sait que notre corps est plein d'humeurs ; qu'intérieurement nous avons une quantité de petits vers plus ou moins considérable ; il arrive que ces vers sont parfois en mouvement, et abandonnent la région de l'estomac pour se porter dans la région du cœur. Tantôt ils se transportent rapidement à la glande jugulaire, c'est-à-dire au cou ; ils empêchent la respiration et finiraient par étrangler une personne si l'on ne s'empressait de les chasser de cette position.

Les enfants, au moment de la dentition, ne sont, malheureusement, que trop sujets à sentir les effets de ce mal terrible qui en envoie un si grand nombre dans l'autre monde ! Une sangsue derrière l'oreille, les soulagerait grandement.

Ce mal de tête ou migraine est occasionné, je le répète, par les vers qui, en changeant de place, dérangent la circulation du sang, l'arrêtent dans sa marche, et sont cause qu'une forte masse de ce même sang se porte à la tête et occasionne la migraine ; de là, aussi, ces congestions cérébrales qui causent une mort instantanée.

MANIÈRE DE GUÉRIR

la Migraine.

Pour guérir la migraine il faut mettre au cou un cataplasme fait avec ces mêmes herbes, dont j'ai déjà parlé, il faut de plus, se munir d'une pierre prise dans un vieux mûr, soit d'une grange, soit d'une galerie ; il faut qu'elle soit parfaitement sèche : cette pierre se trouve imprégnée de salpètre et de sels nitreux, comme celle des vieilles démolitions, on en casse gros comme un œuf, on se procure, s'il est possible, une feuille de chou de couleur rouge, des feuilles de sauge, de thym, de romarin ; on met le tout dans un grand verre ; on place ensuite la pierre par dessus et l'on y verse du vinaigre le meilleur qu'on puisse trouver; il faut que la pierre puisse baigner; on l'y laisse l'espace de dix à quinze minutes, c'est-à-dire pendant tout le temps qu'elle bouillira, on ôte ensuite la pierre, on se lave la figure avec un morceau de linge imbibé de cette eau. Enfin on applique la feuille de chou sur la partie où l'on ressent la douleur, et dans cinq à six minutes on se trouve soulagé; si à la suite de ce remède on éprouvait quelque faiblesse, cela ne devrait causer aucune inquiétude, attendu que les vers descendent par suite de l'action que le remède a opérée sur eux.

Si, par cas, la douleur revenait, et que les vers quittassent la région de l'*abdomen* ou du bas-ventre pour remonter où ils se trouvaient primitivement, que faut-il faire, alors?..... Il faut prendre des lavements composés de seigle, de son de froment, dans lesquels on met un peu de sel de cuisine.

Une heure après avoir pris le lavement on place sur la poitrine un linge de flanelle imbibé de l'eau du cataplasme; ce qui empêche les vers de remonter; les vers aimant naturellement la fraîcheur, se trouvent attirés, au moyen du lavement, dans la région du bas-ventre, et s'ils partent de là pour remonter au cou le cataplasme qui s'y trouve les arrête dans leur course et les fait périr. Alors, plus de mal de tête ; la migraine n'existe plus.

Il est impossible que les vers résistent à de telles épreuves, le cou étant la partie la plus forte du corps et celle où ils aspirent le plus à se loger ; si le cataplasme est là, le suc des herbes qu'il contient se trouve tellement hostile à leur existence, qu'ils ne peuvent résister à la mort qui les attend.

DES FIÈVRES.

Les fièvres proviennent d'un morfondement occasionné par une transpiration arrêtée soit lorsqu'ayant chaud, on se couche et l'on dort à l'ombre, soit lorsque l'on traverse un ruisseau ou qu'on se lave les jambes après avoir nettoyé une étable ou fait tout autre travail pénible qui aura provoqué la sueur. Le sang se refroidit et de là ce tremblement suivi d'un froid glacial qui agite tout le corps, en accable les membres, et fait éprouver, aux fiévreux, une lassitude semblable à celle d'un homme dont les forces seraient entièrement épuisées. A la suite de cette lassitude vient le sommeil : ce n'est point un sommeil doux et paisible; c'est un sommeil dur, accablant, qui loin de réparer les forces, semble, au contraire, les avoir anéanties : cette révolution est produite par un amas de petits vers qui se trouvent sous l'*épiderme*, c'est-à-dire, entre chair et peau, et qui dans leur état de consomption, arrêtent la circulation du sang ; pour la rétablir, il faut transpirer : dans la chaleur de la fièvre, on éprouve une grande altération causée par le sang privé de circulation; pour purifier ce sang, pour en rétablir la circulation, on doit faire une tisane de blé d'Espagne où il y ait cinq litres d'eau pour un litre de blé d'Espagne, il doit être cuit au point de pouvoir être écrasé entre les doigts et réduit en pâte ; il faut boire de cette tisane deux ou trois litres par jour. Elle est si raffraîchissante qu'elle ne peut qu'opérer une heureuse révolution dans la masse du sang.

ENFLEMENT OU ENFLURE

des Jambes.

Il arrive, ordinairement, qu'après avoir éprouvé une longue et grave maladie, on ressent des douleurs aux jambes qui enflent progressivement, et quelquefois d'une manière effrayante. Pour arrêter le mal dans son principe, il faut prendre des feuilles de bourrache, de la fleur de sureau, du son de froment, du blé d'Espagne, un peu de sel de cuisine que l'on fait bouillir à petit feu, dans un vase de terre ou autre; on doit le tenir fermé avec un couvercle de crainte que le liquide ne s'évapore, et lorsque le tout est bien consommé on vide l'eau bouillante dans une bouteille de terre de grès; on la bouche avec un bouchon de liège recouvert d'un linge lié tout au tour avec une ficelle; on place ensuite la bouteille entre des draps du lit où l'on couche; on en approche les pieds qui, réchauffés par cette chaleur vivifiante, ressentent tout-à-coup une sueur qui rétablit la circulation du sang; et l'on ne tarde pas à éprouver du soulagement. On doit, avant toutes choses, faire un cataplasme de farine de graine de lin, que l'on imbibe d'eau de thym, de romarin, de sauge, de lavande et d'absynthe, on l'applique au dessus des deux genoux, aussi avant que l'on peut. Au moyen d'une telle précaution, on empêche les vers de remonter dans la région du bas-ventre : ils crèvent là où ils sont ; la transpiration ayant amené au dehors, les humeurs dont on était atteint, l'enflure des jambes, causée par un amas d'eau qui avait remplacé le sang, cesse d'avoir lieu et arrête les progrès de l'hydropisie.

DU RHUME.

Le rhume est une fluxion causée par une humeur acre qui excite la toux et fatigue la poitrine : dans cette maladie, les vers jouent le rôle principal, dans leur actif mouvement du bas-ventre au gosier, ils gênent la respiration, occasionnent la toux, et un crachement fréquent. Cette pituite est une humeur froide et épaisse que l'on jette au dehors, avec une souffrance marquée : cette matière compacte ne peut être autre chose que la corruption occasionnée par les vers.

REMÈDE PROPRE A GUÉRIR

le Rhume.

Pour guérir le rhume, on doit prendre des feuilles de pêcher, du cresson sauvage des vieux murs, des feuilles de laurier ; mâcher le tout, avaler sa salive ou l'humeur aqueuse qui coule dans la bouche, boire ensuite un demi verre d'eau salée, plus ou moins suivant le goût de la personne, ou si l'on veut un demi verre d'eau de goudron ; on en met dans le verre gros comme un haricot, on le laisse tremper l'espace de sept à huit minutes, plus ou moins, à la volonté du preneur, et suivant la force qu'il voudra donner au liquide. Ça doit être fait le matin à jeun, il faut y joindre une soupe à l'ail faite moitié huile de noix, moitié graisse et du poivre en quantité. Si la guérison ne s'opérait pas aussi promptement qu'on est en droit de l'attendre, on mettrait au cou un cataplasme fait de ces mêmes herbes dont j'ai parlé plus haut; on l'appliquerait sur le cou, et l'on mettrait sur la poitrine un linge de flanelle imbibé de cette même eau. Si, par cas, il survenait quelque démangeaison à l'épine dorsale, ce serait une preuve que les vers se seraient retirés dans cette partie du corps; et il faudrait alors faire des frictions sur la partie souffrante, avec un linge toujours imbibé de la même eau, prendre des lavements avec de l'eau de goudron, dans lesquels on met une demi cuillerée de sel de cuisine pour faciliter l'écoulement des urines.

Le soir, avant de se coucher on boit un verre de vin vieux chaud avec une demi livre de sucre dans un litre de bon vin; cette maladie n'a lieu ordinairement qu'en hiver par un temps froid ou humide. On aura donc la précaution de se prémunir contre cet accident, en se tenant toujours les pieds chauds.

Dans le cas où l'on ne trouverait pas les feuilles précitées, soit de pêcher, de laurier ou de cresson sauvage, on devrait se munir d'une plume d'oie dont on ôte la moelle; on la coupe aux deux bouts, on y introduit plusieurs petits morceaux de camphre, par le bout le plus gros, on le ferme ensuite avec du papier, et l'on respire par le petit bout coupé bien légèrement l'odeur du camphre, comme si l'on fumait un cigare.

Si l'ouverture de la plume se trouvait trop grande et que le camphre arrivât à la bouche il faudrait l'arrêter avec un brin de chanvre.

Le camphre étant une gomme odorante provenant d'un arbre qui croît aux Indes-Orientales, ne peut qu'être d'un grand secours pour le rhume, puisque, non-seulement il le fait cesser, mais qu'il en prévient même les symptômes.

Nos arbres d'Europe, et principalement le cérisier ont aussi, eux-mêmes, un camphre, ou gomme, qui se produit au dehors à la pousse du printemps et rentre dans le corps aux approches de l'hiver. C'est cette même gomme ou suc qui donne aux feuilles cette acidité si salutaire pour le corps de l'homme et dont je ne saurais assez recommander la mastication.

DES CORS.

Les cors sont les durillons qui viennent aux pieds dans l'état de gêne où ils se trouvent par rapport à des souliers ou des sabots trop étroits.

Remède.

Pour guérir les cors, il faut prendre dans un cimetière trois os de mort, les plus durs qu'on puisse trouver, les concasser, les calciner, les réduire en poudre, prendre de l'ail, l'écraser bien menu, de la poudre à canon, du vinaigre et du tout en faire une pâte que l'on applique sur le cor, après avoir eu la précaution de ramollir les chairs mortes dans de l'eau de mauves tiède.

DE LA LOUPE.

La loupe est une tumeur qui vient sous la peau, et qui, par fois, augmente jusqu'à une grosseur prodigieuse. Pour l'extirper il faut employer le même remède que pour les cors. Il est expliqué ci dessus, il produit le même effet et opère une guérison aussi prompte qu'inattendue : on renouvelle le remède jusqu'à entière guérison.

DE LA CONSTIPATION.

La constipation est l'état de celui qui a le

ventre resseré et qui éprouve des embarras à satisfaire aux besoins de la nature, il souffre d'autant plus, que les matières fécales en se rassemblant occasionnent des maux de reins qui peuvent devenir dangereux: il importe donc d'opérer une prompte évacuation par tous les moyens possibles.

Remède.

Il faut faire bouillir des foies blancs de bœuf, boire du bouillon sans apprêts, avant et après le repas; manger la viande sans beaucoup de pain; si au bout de dix heures, on ne trouvait point de soulagement, il faudrait prendre des lavements faits avec deux douzaines d'escargots: deux ou trois jours suffisent pour la guérison.

POUR LES FEMMES
nouvellement accouchées.

Quand la fièvre du lait est venue, fièvre qui est toujours l'ouvrage des vers, on fait un cataplasme composé d'herbe aux vers ou absynthe, de sauge, de romarin, de coquelicot ou pavot sauvage, qu'on aura soin de faire bouillir ensemble, et de l'eau en provenant, détremper de la farine de graine de lin; appliquer ce cataplasme au dessous du sein, et sur la chair nue, il faut que le linge qui le renferme soit contenu par une serviette.

La propriété de ces herbes empêche les vers, lors de la sécrétion laiteuse, de causer les ravages qu'ils font ordinairement chez les femmes qui ne prennent pas les précautions que je viens d'indiquer.

DE LA COUPURE.

Lorsqu'on se coupe, soit à un bras, soit à une jambe, il faut mettre de l'eau dans un verre ou autre vase, y mettre une poignée de sel, le dissoudre dans l'eau, après avoir bien laissé saigner la partie coupée et avoir comprimé les chairs pour en faire sortir le pus ou la partie corrompue. On se lave bien ensuite avec l'eau dont je viens de parler, on rapproche les chairs autant que possible, on met sur la blessure une toile d'araignée prise dans un blutoir; on fond un peu de sucre dans une petite quantité de vin vieux; ensuite on l'enveloppe d'un linge blanc imbibé de cette liqueur; on fait un cataplasme de farine de graine de lin, avec de l'herbe aux vers et on l'applique au-dessus de la plaie, pour empêcher les humeurs de descendre.

DE LA CONTUSION OU MEURTRISSURE.

Il faut faire bouillir dans du vin des feuilles de noyer, en laver la partie offensée, en prendre un bain pendant dix minutes environ ; mettre ensuite la feuille de noyer sur la meurtrissure, et renouveler jusqu'à ce que l'on soit guéri.

DE L'EAU DE PUITS.

L'eau de puits est malfaisante, par la raison que n'ayant pas de cours, elle devient lourde et pesante, elle reçoit les immondices, c'est-à-dire les eaux croupissantes et putréfiées qui après un certain séjour sur la terre et sur les lieux où elles paraissent être en demeure, finissent par s'infiltrer dans les pores des parties solides, et arrivent à cette eau de puits dont on fait tant de cas. L'eau de puits des campagnes est moins insalubre que celle des villes, par la raison qu'elle se trouve plus éloignée des étables et des fosses d'aisances. Le moins qu'on boit de cette eau n'est que le mieux.

MOYEN DE VIVRE EN SANTÉ.

Si l'on veut se bien porter, il faut avoir soin de tenir son corps dans un état de propreté, (chose essentielle,) se laver souvent les pieds pour en éviter la puanteur; la santé tient à cela : il faut de plus être flegmatique, c'est-à-dire, posé, patient, savoir se contenir, ne jamais se livrer à ces mouvements impétueux de colère qui agitent si fort la masse du sang et occasionnent souvent une prompte mort.

CONCLSUION.

Il importe d'autant plus de faire usage des remèdes que j'ai indiqués dans le cours de ce petit ouvrage, que, depuis un demi siècle, ils ont été employés avec succès par feu Pierre Labonne, mon père, et par feue Jeanne Reigner, ma mère, qui ont vécu, comme je l'ai déjà dit, jusqu'à un âge très avancé.

Les remèdes sont simples, économiques, à la portée du pauvre comme à la portée du riche; en indiquant leur efficacité, je n'ai eu d'autre but que de me rendre utile aux masses: à l'artisan, au simple ouvrier, à l'agriculteur, et, généralement à toutes les classes de la société. Puissent mes vœux se réaliser!.... Puissent mes efforts répondre aux résultats que j'en attends!!!... Je n'aurai plus qu'à me glorifier de mon entreprise....

PIERRE LABONNE,
Propriétaire au village des Bons-Amis, à St-Cybard d'Angoulême.

P.-S. Je n'entends point me donner d'importance en rappellant l'époque de l'année 1847, où je fis diminuer le blé à la Halle de L'Houmeau. C'était un temps malheureux, la classe indigente souffrait; et je crus devoir la soulager: si quelqu'un de mes concitoyens en garde le souvenir, c'est dans ce même souvenir que je puise mon bonheur.

COPIE DES CERTIFICATS OBTENUS POUR LA POUDRE GRISE.

Nous soussignés, propriétaires dans les communes de Champniers, Saint-Yrieix, Garat et Angoulême, certifions que Monsieur LABONNE (Pierre), propriétaire, ancien maître charpentier de moulins, ancien fermier de propriétés rurales assez considérables, demeurant actuellement au village des Bons-Amis, faubourg Saint-Cybard d'Angoulême, nous a livré une poudre de sa composition, de couleur grise, pour amender les prés naturels et artificiels, et remplacer le fumier ainsi que le plâtre; nous déclarons avoir fait usage de cet amendement et en avoir retiré assez de produits, pour affirmer, qu'effectivement, la composition de Monsieur LABONNE a remplacé avantageusement le fumier ou le plâtre, surtout parce que cette poudre est moins chère que le fumier, et qu'en dépensant la même somme on peut amender une plus grande superficie, ensuite qu'on peut la répandre en toutes saisons.

En foi de quoi, nous lui avons délivré le présent certificat, pour lui valoir ce que de droit.

A Champpiers, le 10 mars 1844.

J'ai éparé la composition, j'atteste la vérité.

Le 13 juillet 1846, *Signé*, Jean LARIGARDY.

Armand Albot approuve la vérité, le 15 juillet 1846.

J'atteste, *Signé*, Jean DUBREUIL,

J'approuve la poudrette sus-nommée,

Signé, Jean BOILEVIN.

Il y a deux ans que nous connaissons la composition,

Signés, Jean DAVAILLE, Pierre BODET,
François RAILLARD, BOUTINON.

J'approuve la vérité, le 31 juillet 1846.

Signé, Jean DEBRANDE.

J'approuve la vérité, le 31 juillet 1846.

Signé, VOUILLAT, *Signé*, BOILEVIN (Jean) aîné.

J'approuve la vérité ci-dessus, le 1er août 1840.

Signé, CHAUNI.

Depuis deux ans que je me sers de ces poudres, je trouve les produits des récoltes doubles par même quantité de terrain, et j'approuve le certificat ci-dessus.

Le 1er août 1846. *Signé*, BOILEVIN.
Propriétaire à Lagrange-Labbé.

Je certifie avoir fait usage des poudres, et que la récolte a été plus forte qu'elle ne l'aurait été si je n'en avais pas mis.

A Chaumontet, de l'Isle-d'Espagnac, le 1er août 1846.

Signé, AUGEREAU.

Je certifie avoir fait usage de la poudre ainsi que du plâtre, depuis deux ans, et en avoir employé à plusieurs récoltes dont j'en ai été parfaitement satisfait.

A Fléac, le 2 août 1846. *Signé*, BOILEVIN.

J'approuve le certificat ci-dessus, à La Terrière, le 24 août 1846. *Signé*, Pierre VIVIER.

Nous, maire de la commune d'Angoulême, légalisons les signatures ci-contre des nommés Bodet, Raillard, Pierre Vivier, Jean Dubreuil.

Angoulême, le 29 août 1848. Le maire d'Angoulême,
Signé, ANTONY CHENEUSAC.

Nous, maire de la commune de Saint-Yrieix, certifions que, parmi les signatures apposées d'autre part, se trouvent celles des nommés Boutinon, Boilevin père et fils de Lagrange-Labbé, Boilevin, Davailles, Debrandes, Vouillat, Chaceux, qui sont tous propriétaires, domiciliés dans la commune de Saint-Yrieix, et qu'elles sont véritables. Fait à Saint-Yrieix, le 30 août 1848.

Le maire de Saint-Yrieix, *Signé*, **GUÉNARD**.

Nous, maire de la commune de Champniers, certifions que, parmi les signatures apposées d'autre part, est celle du nommé Jean Larigardi, qui est propriétaire domicilié dans cette commune, et qu'elle est véritable.

A la mairie de Champniers, le 31 août 1848.

Le maire, *Signé*, **CHEVRIER**.

Le soussigné, maire de la commune de l'Isle-d'Espagnac, certifie que la signature Augeraud, apposée d'autre part, est sincère et véritable, et celle du citoyen Augeraud, membre du Conseil-municipal de la commune.

A L'Isle-d'Espagnac, le 31 août 1848.

Le maire, *Signé*, **LAPORTE**.

Le soussigné, maire de la commune de Fléac, certifie que la signature Mrin Boilevin, apposée la dernière d'autre part, est bien celle du citoyen Boilevin Mrin, habitant le bourg de Fléac. A Fléac le 2 octobre 1848.

GONTIER, maire.

Le soussigné, maire de la commune de Linars, certifie que le nommé Pierre Fleurau, cultivateur, demeurant en sa commune, est venu déposer et attester les faits mentionnés d'autre part. Linars, le 17 octobre 1848.

Signé, **ARNEY**.

Je certifie que le régisseur de la propriété de ma petite fille, M. Voisin, m'a déclaré avoir employé avec avantage la poudre de la composition de M. Labonne.

Sers, le 4 octobre 1848. *Signé*, CASTERAS.

Le maire de la commune de Garat, soussigné, certifie que la signature d'Armand Albot, propriétaire en ladite commune de Garat, apposée au bas du certificat d'autre part, est bien celle dont il se sert habituellement, et que foi doit y être ajoutée. A Garat, 4 novembre 1848.

RÉMOND **DEPLANTE,** maire.

Le maire de la commune de Sers certifie que les signatures apposées d'autre part sont celles de M. de Casteras et de M. Voisin, régisseur, à Sers.

A la mairie de Sers, le 5 novembre 1848.

Le maire de Sers, *Signé*, FRANÇOIS **CHAILLOUX.**

Vu, pour légalisation des signatures de Messieurs les maires, ci-établies.

Angoulême, 7 février 1849. Le préfet, **RIVIÈRE.**

Nous soussignés, certifions que le citoyen Pierre LABONNE, ancien maître charpentier de moulins, ancien fermier de propriétés rurales assez considérables, demeurant, actuellement, en qualité de propriétaire, au village des Bons-Amis, faubourg Saint-Cybard d'Angoulême.

A, le 13 juillet 1847, fait conduire à la Halle de L'Houmeau du blé nouveau froment, et du blé mélangé seigle, froment et orge, qu'il a vendus, savoir : le blé-froment, à raison de 28 fr. l'hectolitre, lorsqu'il se vendait 35 fr. au cours, et le blé mélangé, à raison de 20 fr. l'hectolitre, lorsque celui-ci valait 25 fr. au cours.

Une diminution aussi sensible dans le prix du froment, faite dans l'intérêt de la classe pauvre, fait d'autant plus d'honneur aux sentiments du sieur LABONNE, qu'elle fixa la mercuriale du jour, et contribua puissamment, à la diminution du pain, qui eut lieu trois jours après, d'après le rapport qui dut en être fait à la mairie par le citoyen Badaillac, agent de police, qui se trouva présent à cette diminution faite par ledit citoyen LABONNE.

En foi de quoi, nous lui avons délivré le présent certificat, pour lui servir et valoir au besoin. — Ont signé :

Jean DUBOY, forgeron à Labussatte ; Clément ROBERT, marchand de poisson ; Jean CAILLAU ; Jean SIBENT, tailleur de pierre ; Clément ROBERT, propriétaire, demeurant au Cou... Pierre DAVID, propriétaire, demeurant au village de la ...re ; BOUNICEAU père, demeurant à L'Houmeau ; ... père, demeurant à Saint-Cybard ; BODET, Pierre, demeurant ... Maine-Bri, propriétaire ; BOURDON jeune, meunier à Angoulême ; Pierre SAUMONT, meunier à Ruelle ; Pierre ALBERT père, ... bourg L'Houmeau à Angoulême ; Jean TERAU jeune, à Angoulême ; BADAILLAC ; François GERAU, demeurant à ..., commune de Saint-Saturnin ; MARVAU fils aîné, propriétaire cultivateur, demeurant à Loumelet, commune de Saint-Yrieix ; Léonard PANET, propriétaire, demeurant à la Galocherie, commune de Saint-Yrieix.

Vu pour légalisation de la signature du sieur Geraud, grainetier, habitant la commune de Saint-Saturnin.

Saint-Saturnin, à la mairie, le 18 octobre 1848.

Le maire, *Signé*, **BODET**.

Vu pour légalisation des signatures des citoyens Marvaud fils aîné et Léonard Panet, pour être véritables.

Saint-Yrieix, 6 octobre 1848. Le maire, **GUENARD**.

Le soussigné, maire de la commune de Linars, certifie que le nommé Pierre Fleurac, cultivateur, demeurant en sa commune, est venu déposer et lui attester les faits mentionnés ci-contre.

Linars, 17 octobre 1848. *Signé*, **BRUNEY**.

Vu pour légalisation de la signature de M. Pierre Saumont, meunier à Ruelle, apposée d'autre part.

Ruelle, le 18 octobre 1848. Le maire, *Signé*, **GUENARD**.

Vu pour légalisation des signatures de MM. Bouniceau père, Albert père et Badaillac, habitants de cette commune. — Angoulême, Hôtel-de-Ville, ce 8 novembre 1848.

Le conseiller municipal, faisant fonctions de maire.

Signé, **MACHENAUD**.

Vu pour légalisation des signatures de MM. les maires ci-établies. Angoulême, le 7 février 1848.

Le préfet, *signé*, **RIVIÈRE**.
